DE LA GROSSESSE

CONSIDÉRÉE

COMME CONTRE-INDICATION

DES GRANDES OPÉRATIONS

PAR

A.-D. VALETTE

Professeur de clinique chirurgicale à l'Ecole de médecine de Lyon,

Ex-chirurgien en chef de l'hospice de la Charité, etc , etc.

———

LYON

IMPRIMERIE D'AIMÉ VINGTRINIER

RUE DE LA BELLE-CORDIÈRE, 14

1864

DE LA GROSSESSE

CONSIDÉRÉE COMME

CONTRE-INDICATION DES GRANDES OPÉRATIONS.

———

La question des indications et des contre-indications des opérations sera toujours, au lit du malade, hérissée de difficultés. Le problème à résoudre se compose, dans la plupart des cas, d'éléments si complexes, qu'il n'y a pas lieu de s'étonner qu'il en soit ainsi. Si la maladie était toujours semblable, si l'âge, la constitution, le tempérament étaient toujours les mêmes, s'il était possible d'apprécier d'une manière rigoureuse les conséquences d'une opération et de prévoir toutes les complications qui peuvent survenir, on établirait des règles fixes et invariables. Malheureusement pour le malade et le chirurgien, il n'en est pas ainsi. Toutefois, on a cherché à prévoir le plus possible, et il faut reconnaître que si dans la plupart des cas le praticien se trouve en face de circonstances variées, dont les unes demandent, dont les autres excluent l'opération, et est obligé de puiser dans son jugement les motifs d'une sage détermination, les auteurs ont tout fait pour rendre cette tâche moins ardue. Au premier abord, il semble que dans les livres toutes les difficultés sont prévues, il n'en est pas ainsi cependant. Les personnes que leur goût entraîne vers les nouveautés peuvent donc accorder quelque attention à ce travail : s'il ne renferme pas la solution du problème que je soulève, il a du moins le mérite de le poser et de provoquer, sur un point intéressant de thérapeutique chirurgicale, les recherches et les méditations des praticiens.

Il y a quelques jours, une femme est entrée dans mon service, salle Ste-Anne, nᵒ 20, pour se faire traiter d'une fistule lacrymale compliquée de fongosités assez considérables de l'intérieur du sac. Cette malade se portait très-bien, d'ailleurs, et je me disposais à l'opérer, lorsqu'elle me déclara qu'elle était enceinte de trois mois et me demanda si cette circonstance était insignifiante. Je fus, je l'avoue, embarrassé pour répondre immédiatement, et je pris le parti de différer l'opération pour avoir le temps de réfléchir. Limitée d'abord à ce cas particulier, la question a pris naturellement dans mon esprit de plus grandes proportions. Il m'a paru intéressant et utile de chercher à déterminer la conduite que le praticien doit suivre, quand les circonstances l'appellent à traiter une femme enceinte, affectée en même temps d'une lésion chirurgicale.

La question est neuve, d'ailleurs ; je le crois, du moins, car je n'ai rien trouvé dans les traités de chirurgie les plus classiques qui pût guider le praticien ; les traités d'accouchement sont également muets à cet égard. J'ai eu l'occasion de pratiquer de graves opérations chez les femmes enceintes, j'ai pu recueillir quelques faits dont l'un, surtout, présente un intérêt qui n'échappera à personne ; j'ai, d'un autre côté, rassemblé quelques observations dont j'indiquerai la provenance et qui pourront contribuer à éclairer la solution de cet intéressant problème.

Avant d'aller plus loin, et pour déblayer le terrain, je rappellerai une distinction importante à faire entre les opérations : les unes peuvent, sans inconvénient, être différées ; les autres, au contraire, sont d'une urgence variable., il est bien entendu que la question est tranchée pour les premières. Il ne viendra à l'esprit de personne de faire chez une femme enceinte une opération qui peut, sans inconvénient, être renvoyée à une autre époque. Ainsi, par exemple, si, au lieu d'avoir à me décider pour un cas de fistule lacrymale déterminant du côté de l'appareil oculaire des accidents qui semblaient augmenter de jour en jour, il se fût agi d'une blépharoplastie à pratiquer pour remédier aux conséquences des cicatrices d'une ancienne brûlure ; s'il se fût agi d'une opération de cataracte, je n'eusse pas eu la moindre hésitation. J'exprime donc ici le sentiment de tous les chirurgiens en disant que la grossesse doit être considérée comme une contre-indication absolue des opérations qui peuvent, sans inconvénient, être renvoyées à une autre époque.

Mais, dans bien des cas, des motifs plus ou moins impérieux sollicitent le chirurgien à intervenir, c'est alors que les difficultés commencent. Avant d'entrer dans le cœur de la question, il me semble convenable de rechercher comment les femmes enceintes supportent les traumatismes. Il est incontestable que si nous étions fixés sur ce point, nous aurions des éléments précieux pour arriver à la solution du problème qui nous occupe. L'occasion d'observer des faits de ce genre a dû se présenter encore assez fréquemment, et cependant les faits publiés sont très-peu nombreux : à quoi cela tient-il ? Je l'ignore. Je me borne à signaler en passant une lacune à remplir.

Quoi qu'il en soit, avec les éléments que l'on possède aujourd'hui, on arrive à cette conclusion que la femme enceinte supporte très-bien même de violents traumatismes. Cette proposition étonnera peut-être au premier abord, aussi quelques explications me paraissent nécessaires.

La grossesse imprime à l'organisme tout entier des modifications profondes, ceci est incontestable ; mais en quoi consistent ces modifications ? voilà ce qu'il est plus difficile de déterminer. L'on peut affirmer que dans cette appréciation on s'est laissé plutôt entraîner par les caprices de l'imagination, que guider par une saine et froide observation. On ne se méprendra pas, j'imagine, sur le sens de ces paroles. Parmi ces changements, il en est de très-réels, les accoucheurs les ont étudiés avec soin. La science est parfaitement renseignée sur les modifications anatomiques que subit l'utérus, sur certains phénomènes qui se produisent dans l'organisme tout entier. Les recherches modernes nous ont fait connaître les développements que subit l'œuf fécondé. La lumière, en un mot, s'est faite sur bien des points, et la pratique a largement bénéficié de toutes ces découvertes ; mais l'on ne me contestera pas qu'ici, comme toujours, bien des médecins ont voulu devancer l'observation. Que de lieux communs, que de préjugés ne trouve-t-on pas dans les livres des accoucheurs qui ont voulu soulever le voile qui nous cache encore tant de mystères, et faire l'appréciation des circonstances qui peuvent favoriser ou compromettre la grossesse ! Toutefois, l'observation nous a permis de saisir quelques-unes de ces circonstances ; c'est ainsi qu'elle nous permet d'affirmer l'influence funeste que les maladies fébriles exercent à la fois sur la mère et sur l'enfant.

Le choléra, d'après M. Bouchut, sur 52 femmes, en a fait avorter 25 et tué 21 autres avant l'avortement.

Il résulte des recherches de M. Grisolle que la pneumonie fait avorter ou tue la femme enceinte. La variole et les autres fièvres éruptives ont la même influence ; j'en dirai autant des fièvres intermittentes.

Lorsque l'on songe que quelques femmes avortent sous l'influence de causes quelquefois très-légères, parfois même insignifiantes, il semble tout naturel de penser que les traumatismes un peu violents, qui entraînent d'ailleurs avec eux, indépendamment des lésions produites, des émotions morales plus ou moins vives, doivent singulièrement compromettre la grossesse. Mais il faut se défier ici, comme toujours, des idées préconçues. Voyons donc ce que l'observation nous apprend.

Dans bon nombre de cas, je l'ai déjà dit et je crois utile de le répéter, des traumatismes très-légers, quelquefois même des circonstances insignifiantes, ont paru provoquer l'avortement. Mais il y a, sous ce rapport, une remarque à faire. Les causes qui prédisposent à l'avortement sont fort obscures, disons même que souvent elles nous échappent complètement ; or si un traumatisme léger vient à surprendre une femme ainsi prédisposée, comment faire la part de ce qui appartient à l'accident et de ce qui appartient à la prédisposition. L'observation démontre, d'un autre côté, que la femme enceinte supporte souvent très-bien de violents traumatismes ; tous les accoucheurs reconnaissent le fait : ainsi Lamotte, t. Ier, p. 528, s'exprime ainsi :

« Je ne finirais pas sitôt cet article, si je faisais une relation suivie de toutes les femmes à qui j'ai vu arriver de grands et fâcheux accidents, et qui n'ont pas laissé de porter leurs enfants jusqu'à la fin des neuf mois accomplis ; au lieu que j'en ai accouché beaucoup d'autres dans les différents temps de leur grossesse pour des sujets si légers qu'à peine la femme même pouvait s'en apercevoir. »

Mauriceau avait déjà exprimé la même opinion, et il cite à l'appui l'observation d'une femme qui avorta à sept mois pour avoir levé les bras un peu haut, et celle d'une autre femme qui, étant enceinte de sept mois, tomba de la hauteur d'un troisième étage, voulant, pour se garantir d'être brûlée vive, descendre par la fenêtre de son logis qui était en proie aux flammes.

« Quoique cette femme », nous dit Mauriceau, « fût une
« des plus grosses que l'on puisse voir, et qu'en se précipi-
« tant ainsi elle fût tombée sur de grosses pierres, et que,
« dans cette furieuse chute, elle se fût rompu un des os de
« l'avant-bras et démis le poignet, elle ne laissa pas de
« guérir et d'accoucher ensuite heureusement à terme d'un
« enfant qui se portait bien. »

Un seul fait ne prouve rien, sans doute ; mais quoique

Mauriceau et Lamotte citent peu d'observations, il est permis de supposer, d'après ce qu'ils affirment, que dans le cours de leur pratique ils en ont observé un certain nombre. S'ils n'en parlent pas, cela tient très-probablement à ce qu'ils ne se sont pas préoccupés de la question qui m'occupe en ce moment; la preuve, c'est que les faits qu'ils citent ne sont racontés par eux que pour un autre motif. Ainsi, par exemple, dans sa 139e observation, Lamotte raconte l'histoire d'une femme qui accoucha à terme d'un enfant bien portant, quoiqu'elle eût été affectée au sixième mois d'une fracture de la jambe gauche compliquée de plaie, ce qui donna occasion à la sortie de quantité d'esquilles et à une exfoliation considérable. Or, Lamotte ne cite cette observation que pour démontrer que la position horizontale forcée que la mère a gardée dans les derniers mois de sa grossesse n'a pas empêché l'enfant de se présenter par la tête, et il en conclut contre l'opinion soutenue de son temps par certains accoucheurs, que ce n'est pas le poids de la tête qui détermine la culbute de l'enfant. Quant à l'influence de ce traumatisme sur la grossesse, il ne s'en préoccupe pas. Il est évident que son attention n'a pas été dirigée sur ce point. Mais, encore une fois, il résulte de l'opinion qu'il a formellement exprimée dans son livre, que la femme pouvait, sans que la grossesse fût compromise, résister à de violents traumatismes, et il me semble tout naturel d'admettre que l'expérience lui avait démontré, comme à Mauriceau, la réalité du fait.

Il n'est pas d'accoucheur qui n'ait eu l'occasion de faire la même remarque; ainsi Cazeaux raconte dans son livre l'histoire d'une femme qui, au cinquième mois de sa grossesse, se jeta dans la Seine de la hauteur du Pont-Neuf; la grossesse n'en continua pas moins son cours, malgré une commotion aussi violente.

M. Gendrin cite l'observation d'une jeune dame qui, étant également enceinte de cinq mois, fut lancée de l'intérieur d'un cabriolet par-dessus la tête du cheval qui s'était abattu dans sa course, n'en arriva pas moins sans accident au terme régulier.

J'ai eu, pour ma part, l'occasion d'observer deux cas de traumatisme chez la femme enceinte, et tous deux se sont terminés heureusement.

Une jeune femme primipare fit, au sixième mois de sa grossesse, une chute de deux mètres de haut environ. Lorsqu'elle se vit tomber, la pensée de la grossesse traversa son esprit et instinctivement elle se précipita la tête la première et les bras en avant, de façon à protéger autant que possible son abdomen. Le résultat de cette chute fut une luxation des os de l'avant-bras droit en arrière, et des plaies contuses assez profondes de la face. L'éthérisation me permit de réduire facilement la luxation. Les plaies de la face se cicatrisèrent assez promptement. Cet accident n'eut pas d'autres suites ; l'accouchement se fit heureusement à terme.

Le second fait est relatif à une dame enceinte de quatre mois et ayant déjà eu deux enfants.

Elle se trouvait assise auprès de la fenêtre et lisait. Son plus jeune enfant, devant elle debout sur une chaise basse, regardait ce qui se passait dans la rue. Tout d'un coup la chaise glisse et l'enfant tombe en avant ; la mère fait un mouvement rapide pour le retenir, sans remarquer que la croisée était devant. Le verre est brisé et fait une plaie très-profonde à l'avant-bras. Une hémorrhagie considérable a lieu ; la compression de la partie blessée, faite jusqu'à mon arrivée, la suspend ou du moins la modère. Je constate l'existence d'une plaie à lambeaux de 15 centimètres de longueur à la partie antérieure et externe de l'avant-bras, profonde, allant jusqu'à l'os. Je fais la ligature de plusieurs vaisseaux, notamment de l'artère radiale. La plaie suppura énormément, mit deux mois et demi à se cicatriser ; mais la grossesse continua son cours et parvint heureusement à son terme.

Il faudrait, je le sais, des faits plus nombreux pour tirer une conclusion. Toutefois, et jusqu'à plus ample informé, je dirai que les traumatismes sont assez bien supportés par la femme enceinte, et sont loin d'avoir sur la grossesse l'influence fâcheuse qu'exercent les maladies fébriles. Il y a toutefois une réserve à faire lorsque le traumatisme porte sur la cavité abdominale. Il est d'observation que les coups, les chutes, lorsqu'ils portent sur l'abdomen, déterminent facilement l'avortement. L'auteur de l'article Copulation, du Dictionnaire en 60 volumes, insiste beaucoup sur ce point et affirme avoir recueilli beaucoup d'observations d'avortements provoqués par des contusions ayant porté sur l'abdomen.

Il serait intéressant d'étudier l'influence que la grossesse exerce à son tour sur la marche des lésions traumatiques ; mais cette étude, bien difficile d'ailleurs à faire, m'éloignerait de mon sujet. Toutefois je ne puis ne pas rappeler l'opinion reproduite à diverses époques sur l'influence que la grossesse exerce sur la consolidation des os fracturés.

Fabrice de Hilden avait déjà cru remarquer que la grossesse retardait ou même empêchait, dans quelques cas, la consolidation des fractures.

M. Malgaigne, dans son savant traité, examine cette question et discute la valeur des faits invoqués à l'appui de l'opinion émise par Fabrice de Hilden. Il le fait avec cette supériorité qu'on lui connaît, et l'on peut dire, après avoir lu son livre, que la cause est entendue. Je puis donc me dispenser d'entrer dans une discussion à ce sujet. J'adopte complètement les conclusions formulées par M. Malgaigne. Les exemples de consolidation osseuse chez les femmes enceintes sont de beaucoup les plus nombreux. La grossesse n'a pas par elle-même, sur la non-consolidation des fractures, une influence directe : quand elle la détermine, et ceci est démontré par des faits très-concluants, c'est par la débilité qu'elle amène quelquefois.

La physiologie pathologique ne nous fournit que des éléments insuffisants, j'en conviens. Il est à désirer que les médecins publient les faits qui sont capables de l'élucider ; mais en attendant, interrogeons la clinique et voyons comment la femme enceinte supporte les grandes opérations. Les faits publiés ne sont pas nombreux. Je n'ai pas la prétention de les avoir tous recueillis ; il faudrait pour cela des recherches qui demanderaient beaucoup de temps et qui ne présenteraient rien de bien attrayant.

Quoi qu'il en soit, Mauriceau, t. 2, page 506, raconte l'histoire d'une femme qui fut opérée, à sept mois environ de sa grossesse, d'une fistule à l'anus (était-ce bien une fistule simple ?) avec des incisions vers l'une des fesses, de la longueur de la paume de la main et de trois travers de doigt de profondeur. Trois semaines après, la femme accoucha et succomba trois jours après l'accouchement. Mauriceau blâme l'opération à laquelle il attribue l'accouchement prématuré et la mort. Mais cette conclusion est-elle bien motivée et ne peut-on pas se demander si ce ne sont pas les lésions graves, pour lesquelles l'opération a été pratiquée, qui ont continué à marcher ? Ces larges décollements au pourtour de l'anus et la suppuration abondante qui en était la conséquence n'ont-elles pas eu d'influence sur une terminaison qui ne s'est manifestée que trois semaines après l'opération. Est-ce bien l'opération, ou plutôt la débilitation occasionnée par la suppuration abondante qui a été la cause de la catastrophe.

Cette observation me paraît donc fort discutable.

Nous trouvons dans Lamotte, tome 2, page 692, une observation fort curieuse ; il s'agit d'une femme qui, au sixième mois de la grossesse, eut la jambe broyée par la roue d'un moulin. Un mois après l'accident, Lamotte fut appelé en consultation ; il fut d'avis que l'amputation était le seul moyen de sauver la malade. Il pratiqua lui-même cette opération, et l'étendue des lésions l'obligea à se rapprocher le plus possible de l'articulation du genou. La guérison fut complète ; la grossesse arriva à son terme, et l'accouchement, ajoute Lamotte, fut des plus simples et des plus heureux.

M. Velpeau, dans son *Traité des accouchements*, tome I, page 398, rappelle une observation publiée dans le tome V des bulletins de la Faculté. Il s'agit encore d'une amputation de jambe pratiquée par M. Nicod sur une femme enceinte de huit mois. Cette opération n'avança point le terme de l'accouchement et eut, d'ailleurs, un plein succès.

Le même auteur rapporte qu'une dame, soumise à la taille vésico-vaginale par M. Philippe, de Reims, pour un calcul qui pesait neuf onces, et qu'on ne savait pas être enceinte, accoucha six mois après sans accidents.

J'ai compulsé les collections de la *Gazette médicale de Paris* et des Archives de médecine, pour y trouver des observations se rapportant à l'objet de ce travail.

L'année 1837 renferme l'observation suivante :

Hernie étranglée chez une femme enceinte. Opération. Guérison par Paul, chirurgien de l'hôpital de Cray.

Mme R..., âgée de 35 ans, mère de cinq enfants, est affectée de hernie crurale étranglée ; elle fut opérée le 30 août 1836. La guérison fut obtenue sans accidents, et la malade accoucha heureusement six mois après.

Le rédacteur de la *Gazette* ajoute qu'il a été témoin d'une opération faite pour une hernie ombilicale étranglée chez une femme enceinte de huit mois, la malade guérit et l'accouchement se fit à terme.

Les faits que je viens de rappeler sommairement sont les seuls que j'ai trouvés dans les auteurs. Il est fort probable qu'en fouillant les recueils d'observations, on en trouverait d'autres ; dans tous les cas, les recherches que j'ai faites quelque incomplètes qu'elles soient, me permettent d'affirmer que les observations d'opérations pratiquées sur la femme enceinte, et qui ont été publiées, ne sont pas nombreuses, les faits inédits que je puis faire connaître n'en présenteront, si je ne m'abuse, que plus d'intérêt.

L'observation suivante m'a été communiquée par mon collègue le professeur Desgranges :

Hernie étranglée chez une femme enceinte de trois mois. — Kélotomie. — Avortement dix-huit jours après l'opération. — Guérison.

Catherine T..., âgée de 27 ans, entre à l'Hôtel-Dieu le 31 juillet 1856 et est couchée au n° 84 de la salle Saint-Paul.

Cette femme est enceinte de trois mois ; elle est, de plus, affectée, depuis plusieurs années, d'une hernie inguinale gauche qui s'est étranglée depuis trois jours.

1er août. Après avoir épuisé les tentatives de taxis, M. Desgranges pratique l'opération ; je passe sur les détails.

Les suites de l'opération furent très-simples, la cicatrisation a marché rapidement, car le 9 la plaie ne présente plus qu'un diamètre de un à deux centimètres. La malade se lève et se promène.

Le 13, quelques coliques accompagnées de perte utérine se manifestent. — Repos au lit, lavement laudanisé.

Le 15, tout semble arrêté ; mais la malade, qui paraît redouter bien plus l'accouchement que l'avortement, recommence ses imprudences. Le 18, une nouvelle perte se manifeste ; l'avortement a lieu. — Cette fausse couche n'a pas de suites graves. La malade se rétablit promptement ; elle sort de l'hôpital le 24.

Cette observation est fort intéressante ; il y a lieu, sans doute, de regretter que la grossesse n'ait pu parvenir à son terme : mais enfin ce qui dominait la situation, c'était l'étranglement herniaire ; la gestation n'a pas influencé défavorablement les suites de l'opération. Celle-ci, à son tour, a-t-elle déterminé l'avortement ? On ne saurait le dire. Les imprudences commises par cette femme, la joie qu'elle n'a pas su dissimuler quand elle a vu la grossesse terminée : enfin le temps qui s'est écoulé entre l'opération et l'avortement autorisent à penser qu'il n'y a pas eu, entre ces deux faits, relation de cause à effet. Du reste, alors même que l'opération pourrait être invoquée comme cause directe de l'avortement, ce qui ne me paraît pas démontré, il n'en resterait pas moins bien établi qu'en face d'une lésion compromettant la vie, il n'y a pas à hésiter ; il faut agir comme si la grossesse n'existait pas.

J'ai opéré la malade affectée de fistule lacrymale dont j'ai parlé plus haut avec l'instrument de notre collègue le docteur Foltz (perforation de l'os unguis avec l'emporte-pièce) ; l'opération, pour le dire en passant, a été couronnée du succès le plus complet et n'a exercé aucune influence sur la grossesse ; indépendamment, dis-je, de cette malade, j'ai eu l'occasion de pratiquer deux fois de grandes opérations sur les femmes enceintes. Je me contente pour ne pas donner trop de longueur à ce travail, de rapporter les circonstances principales de ces observations, nous verrons ensuite les conséquences que nous sommes en droit de tirer.

1re OBSERVATION. — Marie G..., âgée de 23 ans, d'une bonne constitution, habitant Saint-Jean-de-Bournay, a fait, le 15 avril 1860, une chute de voiture ; la jambe droite a été fracturée ; je dirai tout à l'heure les lésions que j'ai constatées.

Pendant les six premiers jours, les choses ont semblé marcher convenablement ; mais le 21 avril, des contractions violentes se sont manifestées dans le membre blessé.

Le 22 au matin, les mouvements de la mâchoire sont douloureux ; le soir le trismus est caractérisé ; le médecin traitant avertit la famille du danger qui menace la malade, on se décide à la faire transporter à Lyon. Elle entre à l'Hôtel-Dieu, salle Sainte-Anne, n° 10, le 23 au soir. Elle présente l'état suivant : le visage est contracté, les lèvres tendues, remuant avec difficulté, les mâchoires sont fortement serrées, et il faut une pression énergique pour obtenir un écartement de quelques millimètres. La tête est renversée en arrière, les muscles de la nuque tendus ; aussi lorsque, avec la main placée derrière l'occiput, j'essaie de fléchir la tête, je soulève les épaules et le tronc. La déglutition est difficile, presque impossible ; une cuillerée de tisane glissée entre les dents provoque un accès de suffocation. De temps en temps, un soubresaut, une secousse comme électrique parcourt la jambe malade et se répète dans la nuque et les mâchoires.

Le pouls est à 105, l'intelligence nette, la respiration s'exécute bien. La partie inférieure du tronc, les membres supérieurs ne présentent rien de particulier.

Etat local : le tibia est fracturé à son extrémité inférieure au niveau de l'articulation qui est largement ouverte, la malléole interne, complètement détachée, est perdue au milieu des chairs. Le fragment supérieur fait à travers la plaie une saillie de trois centimètres. Une suppuration brunâtre, exhalant une odeur fétide, presque gangreneuse, baigne toutes ces parties et remplit l'articulation. Le nettoiement de la plaie laisse voir le tendon du jambier postérieur qui est complètement sorti de sa gaîne. Le péroné est fracturé à huit centimètres de son extrémité inférieure ; de ce côté, les parties molles sont énormément gonflées, elles sont infiltrées de pus. Une légère pression remplit de nouveau la cavité articulaire qui vient d'être abstergée.

Enfin la malade nous dit qu'elle était enceinte de deux mois et demi. J'ai pu constater plus tard que ce renseignement était très-exact.

Sans entrer dans une discussion qui m'entraînerait trop loin, je me borne a raconter brièvement ce qui a été fait et ce qui est advenu. Je jugeai indispensable l'amputation de la jambe. La malade ayant été soumise aux inhalations de chloroforme, l'opération fut pratiquée au tiers supérieur en suivant le procédé de Sédillot, lambeau latéral externe. En agissant ainsi, j'obéissais aux indications tirées de l'état local. Malgré les affirmations de Larrey, je n'espérais pas modifier l'état tétanique. Le trismus et l'opisthotonos ont cédé en partie aux inhalations de chloroforme ; mais ils se sont reproduits dès que le réveil a été complet. Je prescris une potion renfermant un gramme d'extrait gommeux d'opium.

Le tétanos est stationnaire ; la situation est à peu près la même que la veille. Le pouls est à 110.

L'intelligence est toujours nette ; la peau est couverte de sueur.

Je me décide à employer les injections sous-cutanées d'atropine.

Une première injection de 18 gouttes de solution d'atropine à 1/100 est pratiquée sur les parties latérales du cou au moyen de la seringue Pravaz.

Cinq minutes après, la malade accuse un sentiment de sécheresse à la gorge ; les pupilles se dilatent ; au bout de dix minutes, la malade tombe dans un profond sommeil. Un relâchement marqué se manifeste dans les muscles contracturés. Ainsi la mâchoire se laisse abaisser facilement, la tête n'est plus renversée en arrière. Cet état persiste trois heures environ.

La malade se réveille brusquement, pousse un cri, et les convulsions tétaniques se reproduisent aussitôt.

A cinq heures du soir, l'état s'est aggravé ; le trismus, l'opisthotonos, les soubresauts douloureux présentent une intensité plus grande que la veille, le pouls est petit, fréquent, à 140. La respiration devient anxieuse, diaphragmatique ; l'intelligence est toujours intacte.

La dilatation des pupilles est le seul phénomène déterminé par l'injection qui persiste.

Je me décide à pratiquer une nouvelle injection d'atropine;
cette fois je pousse dans le tissu cellulaire 32 gouttes de la
même solution à 1/100.

Les symptômes d'intoxication se manifestent de nouveau
assez rapidement; mais le sommeil ne persiste pas aussi
longtemps qu'après l'injection du matin.

A sept heures (une heure après l'injection), les secousses
tétaniques, un moment suspendues, s'étaient reproduites
plus fréquentes et plus douloureuses que jamais.

Tous les muscles du cou sont tendus, les mâchoires sont
fortement serrées, la poitrine sans mouvements; la respiration est anxieuse, diaphragmatique, le corps inondé de
sueurs, le pouls très-petit; je puis compter 180 pulsations.

L'intelligence est toujours nette.

La mort me paraît imminente; une heure après, en effet,
cette infortunée rendait le dernier soupir.

Je n'ai pu faire l'autopsie, le corps ayant été réclamé par
la famille; mais cependant j'ai pu m'assurer *de visu* que
l'utérus renfermait un embryon de deux à trois mois.

J'ai rapporté cette observation parce que je me suis fait
un devoir d'exposer tous les faits de ma pratique ayant
trait à la question qui fait le sujet de ce travail. Ici la grossesse n'a paru exercer aucune influence sur le traumatisme
et le tétanos qui en a été la conséquence et réciproquement,
le traumatisme, l'amputation de jambe, le tétanos n'ont
exercé aucune influence sur l'utérus, au total les choses se
sont passées comme s'il n'y avait pas eu de grossesse.—Il y
aurait certes bien d'autres remarques à faire à propos de
cette observation, mais comme elles ne se rapportent pas
directement à mon sujet, je m'en abstiens.

2e OBSERVATION. — Mme D..., de la Côte-Saint-André
(Isère), âgée de 36 ans, ayant eu six enfants vint me
consulter en 1853, pour une tumeur du sein droit qui avait
débuté un an auparavant et dont le développement pre-

nait depuis quelque temps des proportions inquiétantes.

La tumeur avait le volume du poing, elle était dure, bosselée, adhérente en quelques points à la peau fort amincie ; de plus une ulcération du diamètre d'une pièce de cinq francs existait au sommet de la tumeur et laissait suinter un ichor fétide. Deux ganglions échelonnés dans l'aisselle étaient durs, assez volumineux, mais me parurent assez mobiles. Cette tumeur était le siége de douleurs lancinantes. Mme D... me déclara être grosse de trois mois et demi, et c'était surtout depuis ce temps que la tumeur avait pris un accroissement rapide. La santé générale me présentait d'ailleurs de très-bonnes conditions.

Le diagnostic que je portais fut : cancer encéphaloïde de la glande mammaire ; la malade désirait beaucoup être débarrassée de sa tumeur. L'opération fut donc décidée et pratiquée dans la maison de santé de notre confrère M. le docteur Conche.

La malade ayant été soumise à l'inhalation de l'éther, la tumeur et les ganglions furent enlevés suivant la méthode ordinaire. Je m'attachai à enlever tous les tissus malades et le bistouri fut, comme j'ai l'habitude de le faire quand il s'agit d'un cancer, porté aussi loin que possible dans les tissus sains. Les suites de l'opération ne présentèrent rien de particulier. Aucune complication n'a entravé le travail de cicatrisation et un mois et demi après, la guérison était complète.

J'ai pu suivre la malade, et, grâce à l'obligeance de mon ancien camarade et ami, le docteur Robin, qui exerce avec une grande distinction la médecine à la Côte-Saint-André, j'ai pu recueillir les renseignements les plus complets sur ce qui est advenu depuis l'opération.

La grossesse a continué son cours sans être le moins du monde troublée. Au neuvième mois et après un travail de dix heures Mme D... mettait au monde un enfant bien constitué et bien portant. Les suites de couches ont été très-simples.

L'influence de la fièvre de lait sur la cicatrice a été nulle, ce qui ne m'a pas étonné, ajoute le docteur Robin, car il ne reste pas vestige de la glande mammaire ; du côté sain la fluxion déterminée par la fièvre de lait fut d'une intensité moyenne, le dixième jour la malade se levait. La santé s'est conservée excellente pendant quelques années ; mais vers la fin de 1857, c'est-à-dire quatre ans après, une nouvelle tumeur se forma dans le tissu cellulaire de la région qui avait été le siége de la tumeur primitive.

Cette nouvelle production morbide prit un développement rapide, on fit une seconde opération dont les suites parurent d'abord assez satisfaisantes, la cicatrisation se fit, mais au bout de deux mois le mal récidiva sur place et suivit sa marche ordinaire. Le 9 octobre 1858, cette femme succomba aux suites de la cachexie « la plus prononcée « qu'il m'ait été donné d'observer, m'écrit le docteur Ro-« bin. Indépendamment de l'affection de la poitrine et de « l'aisselle, les ganglions du cou furent envahis et devin-« rent le siége de tumeurs caractéristiques. L'abdomen « était rempli de tumeurs volumineuses bosselées, la gé-« néralisation cancéreuse, je le répète, a été aussi com-« plète que possible. » On n'apprendra pas sans intérêt ce qu'est devenu l'enfant. Il est venu au monde très-vigou-reux, depuis il n'a pas cessé de jouir de la meilleure santé. Il est aujourd'hui fort et robuste, il présente, me dit le docteur Robin, les plus belles apparences, pas le moindre symptôme de lymphatisme. Rien qui puisse faire soupçon-ner qu'il est issu d'une mère emportée par une affection cancéreuse.

Cette observation présente, si je ne m'abuse, un grand intérêt, elle permet de résoudre bien des difficultés qui se sont présentées à mon esprit et qui me jetèrent, je m'en souviens encore, dans une grande perplexité. Je me trouvais en face d'une tumeur du sein de nature maligne, marchant depuis quelque temps avec rapidité, les ganglions de l'aisselle étaient déjà pris. Attendre l'accouchement, n'était-ce pas vouer cette femme à une mort certaine ; et l'enfant que serait-il devenu dans ces conditions ? Bref, je me décidai pour l'opération, l'événement a justifié mes espérances. La malade a succombé, il est vrai, cinq ans après à une généralisation cancéreuse ; mais l'opération a prolongé son existence au moins de quatre années. Je soulève, d'ailleurs, là une question spéciale et, je puis bien dire en passant, que ce fait est plutôt de nature à encourager le chirurgien dans ses efforts pour retarder les conséquences à peu près inévitables d'une manifestation cancéreuse.

Mais j'ai hâte de conclure.

Les faits que j'ai rapportés dans ce travail me permettent de dire :

1° Que les traumatismes n'exercent pas sur la grossesse une influence comparable à celles qu'exercent sur elle les maladies fébriles, puisque sur 6 cas de traumatisme grave que j'ai pu recueillir pas un seul n'a compromis la grossesse. On pourrait objecter, sans doute, que l'on publie de préférence les faits remarquables par leur singularité ; mais je rappellerai que deux de ces observations m'appartiennent et que j'ai dit tout ce que j'avais vu. En second lieu, les faits empruntés à Mauriceau et à Lamotte n'ont pas été publiés dans cet esprit, il ressort clairement de ce qu'ont écrit ces accoucheurs que l'observation leur a souvent démontré cette immunité.

2° Que les grandes opérations peuvent être très-bien supportées par la femme enceinte, que le succès de ces opérations n'est pas compromis par l'existence de la grossesse, et que réciproquement ces opérations n'exercent pas sur la grossesse une influence aussi funeste qu'on est porté à le redouter. Sans parler de l'opération de fistule lacrymale signalée plus haut et que l'on ne saurait classer parmi les opérations entraînant une certaine gravité, je rapporte neuf observations :

L'amputation de Lamotte.

Celle de M. Nicod.

La taille de M. Philippe, de Reims.

Les deux observations de hernie étranglée, consignées dans la *Gazette médicale de Paris*, année 1837.

La hernie étranglée de M. Desgranges.

L'opération de fistule à l'anus, de Mauriceau.

Enfin, l'amputation de jambe et l'amputation du sein que j'ai pratiquées.

Or, sur ces neuf malades, il y a eu sept guérisons et deux morts.

On ne s'étonnera pas que la malade chez laquelle j'ai pratiqué l'amputation et qui était affectée de tétanos ait succombé, c'était une terminaison à peu près inévitable, et il ne viendra à l'esprit de personne de dire que la grossesse a aggravé la situation; il y a même lieu de s'étonner que l'avortement ne se soit pas manifesté pendant cette longue et douloureuse agonie.

Le fait de Mauriceau est contestable, je l'ai déjà dit, en ce sens qu'il ne me paraît pas démontré que ce soit l'opération qui ait déterminé l'avortement et la mort. Il me paraît au contraire plus probable que la maladie pour laquelle l'opération a été pratiquée a continué à marcher et a amené la catastrophe.

L'avortement a suivi aussi l'opération de kélotomie pratiquée par M. Desgranges, mais y a-t-il entre ces deux faits relation de cause à effet ? c'est ce dont il est permis de douter. Dans tous les cas, la vie de la malade a été sauvée et c'était l'important. Cette observation vient donc fortifier ma conclusion.

En résumé, lorsque le chirurgien se trouve en face d'une lésion qui réclame son intervention active, il ne doit pas hésiter alors même que la femme se trouve à une époque plus ou moins avancée de la grossesse. Ai-je besoin d'ajouter, en terminant, qu'il faut ici, comme toujours, ne céder qu'à la nécessité, sans doute il faut se garder de se laisser entraîner par une témérité condamnable, mais, encore une fois, il ne faut pas oublier qu'en face de cet écueil il s'en trouve un autre, celui d'une prudence excessive. Le praticien qui saura le mieux décider dans un cas douteux si l'on doit opérer ou s'il est préférable de s'abstenir sera toujours le premier parmi les chirurgiens.

La conduite à suivre sera la même que la femme soit enceinte ou qu'elle ne le soit pas, réserves faites pour les opérations que l'on peut sans inconvénient renvoyer à une autre époque.

Lyon.— Imp. d'A. Vingtrinier.

www.ingramcontent.com/pod-product-compliance
Lightning Source LLC
Chambersburg PA
CBHW061824060726
47597CB00008B/3348